SCHNEIDER & CIE

2 Décembre 1916.

MATÉRIELS DE 105 ^M/_M L.

MODÈLE 1913

NOMENCLATURE

des Outillages, Armements et Accessoires

établie d'après la documentation fournie par M. le Commandant Crussard

SCHNEIDER & CIE

2 Décembre 1916.

MATÉRIELS DE 105 $^M/_M$ L.

MODÈLE 1913

NOMENCLATURE

des Outillages, Armements et Accessoires

établie d'après la documentation fournie par M. le Commandant Crussard

NUMÉRO des PLANS	LETTRE	DÉSIGNATION DES GROUPES ET PIÈCES	QUALITÉ des MATIÈRES	QUANTITÉS	
				déjà commandées par GUERRE	à commander par GUERRE
		Culasses complètes comprenant :		102	136
7 b	A	1 Vis-culasse (commandée sur plan d'ébauchage 3 B). . .	Acier canon trempé recuit		
8 c		1 Volet de culasse (commandé sur plan d'ébauchage 3 A).	d°		
—	A	1 Butée de la vis-culasse	Acier mi-dur		
—	B	1 Butée de la came du bloc de sécurité	d°		
—	C	1 Butée de la came du bloc de sécurité	d°		
—	D	1 Tenon d'accrochage de la poignée (1 vis acier mi-dur).	A. DO doux cémenté et trempé		
9 c	A	1 Levier de manœuvre	Acier canon trempé recuit		
—	B	1 Bouchon du levier	Acier dur		
—	C	1 Ressort plat (2 vis acier dur).	A. ressort trempé		
—	D	1 Levier d'accrochage de la culasse ouverte	A. DO doux trempé		
—	E	1 Poignée du levier de manœuvre	Aluminium		
—	F	1 Douille du levier (1 clavette acier doux).	Acier DO doux cémenté trempé		
—	G	1 Écrou de la douille	d°		
—	H	1 Ressort.	A. ressort trempé		
—	I	1 Tenon d'accrochage de la culasse ouverte	Acier DO doux cémenté trempé		
—	J	1 Vis de fixation du tenon	Acier dur		
10 b	A	1 Crémaillère	Acier DO doux cémenté trempé		Série
—	B	1 Verrou de la crémaillère	d°		pour
—	C	1 Ressort.	A. ressort trempé		une culasse
—	D	1 Percuteur.	Acier DO doux cémenté trempé		complète
—	E	1 Poussoir du percuteur	d°		
—	F	1 Grain du percuteur.	d°		
—	G	1 Ressort du percuteur.	A. ressort trempé		
—	H	1 Vis d'arrêt du grain	Acier DO doux cémenté trempé		
—	J	1 Ressort du bloc de sécurité	A. ressort trempé		
—	K	1 Came du bloc	Acier DO doux cémenté trempé		
—	L	1 Ressort de la came.	A. ressort trempé		
10 bis	A	1 Bloc de sécurité	Acier DO doux cémenté trempé		
—	B	1 Doigt de retenue du bloc	d°		
—	C	1 Axe du doigt de retenue	Acier mi-dur		
—	D	1 Ressort de rappel du doigt	A. ressort trempé		
—	E	1 Coupelle du ressort	Bronze 3		
—	F	1 Ressort plat de montage (2 vis acier mi-dur).	A. ressort trempé		
11 b	A	1 Planchette de chargement.	Acier DO doux cémenté trempé		

NUMÉRO des PLANS	LETTRE	DÉSIGNATION DES GROUPES ET PIÈCES	QUALITÉ des MATIÈRES	déjà commandées par GUERRE	à commander par GUERRE	
11 b (suite) —	B	1 Axe de commande de la planchette.	Acier DO doux cémenté trempé			
—	C	1 Levier de manœuvre de la planchette.	d°			
—	D	1 Came de commande de l'axe	d°			
—	E	1 Extracteur	d°			
—	F	1 Heurtoir d'extracteur	d°			
12 a	A	1 Axe de commande du verrou de retenue des projectiles.	d°			
—	B	1 Verrou de retenue	d°	Série pour une culasse complète (suite)		
13 b	A	1 Support de l'axe du marteau.	A. DO doux cémenté			
—	B	1 Verrou	Acier DO doux cémenté trempé			
—	C	1 Bouchon	Acier dur			
—	D	1 Marteau.	Acier DO doux cémenté trempé			
—	E	1 Axe (1 rondelle acier dur, 1 goupille acier ressort trempé)	Acier dur			
—	F	1 Verrou de route	d°			
—	G	1 Ressort du verrou	A. ressort trempé			
—	H	1 Vis de fixation du ressort	Acier dur			
—	I	1 Vis de fixation du ressort	d°			
—	J	1 Butée du verrou de route	d°			

Leviers de manœuvre de la culasse comprenant : — à commander par GUERRE : **134**

NUMÉRO des PLANS	LETTRE	DÉSIGNATION DES GROUPES ET PIÈCES	QUALITÉ des MATIÈRES	déjà commandées par GUERRE	à commander par GUERRE	
9 c	A	1 Levier de manœuvre.	Acier canon trempé recuit			
—	B	1 Bouchon du levier.	Acier dur			
—	C	1 Ressort plat (2 vis acier dur)	A. ressort trempé			
—	D	1 Levier d'accrochage de la culasse.	A. DO doux trempé			
—	E	1 Poignée du levier de manœuvre	Aluminium	Série pour un levier complet		
—	F	1 Douille du levier (1 clavette acier dur)	Ac. DO doux cémenté trempé			
—	G	1 Écrou de la douille.	d°			
—	H	1 Ressort.	Ac. ressort trempé			
—	I	1 Tenon	Ac. DO doux cémenté trempé			
—	J	1 Vis de fixation du tenon.	Acier dur			
9 c	A	Leviers de manœuvre.	Ac. canon trempé, rec¹.	»	40	
—	B	Bouchons du levier.	Acier dur	»	40	
—	C	Ressorts plats (avec 2 vis par ressort)	Acier ressort trempé	324	388	
—	»	Vis pour ressorts plats	Acier	50	350	
—	E	Poignées du levier de manœuvre.	Aluminium	»	50	

NUMÉRO des PLANS	LETTRE	DÉSIGNATION DES GROUPES ET PIÈCES	QUALITÉ des MATIÈRES	QUANTITÉS déjà commandées par GUERRE	QUANTITÉS à commander par GUERRE
9 c (suite)	F	Douilles du levier (1 clavette acier doux)	Ac. DO doux cémenté trempé	»	20
—	G	Écrous de la douille	d°	»	20
10 b	B	Verrous de la crémaillère	d°	220	204
—	C	Ressorts du verrou.	Acier ressort trempé	120	104
—	D	Percuteurs	Ac. DO doux cémenté trempé	650	154
—	F	Poussoirs de percuteur	d°	290	154
—	G	Ressorts de percuteur.	Acier ressort trempé	810	184
—	J	Ressorts du bloc de sécurité	d°	198	268
—	K	Cames du bloc de sécurité.	Ac. DO doux cémenté trempé	340	204
10 bis	A	Blocs de sécurité.	d°	728	418
—	B	Doigts de retenue du bloc.	d°	»	100
—	C	Axes du doigt.	Acier mi-dur	»	100
—	D	Ressorts de rappel	Acier ressort trempé	»	100
—	E	Coupelles de ressort	Bronze 3	»	100
—	F	Ressorts plats de montage (2 vis acier demi-dur). . . .	Acier ressort trempé	»	100
11 b	B	Axes de commande de la planchette	Ac. DO doux cémenté trempé	150	100
—	C	Leviers de manœuvre de la planchette.	d°	150	90
—	E	Extracteurs	d°	40	60
—	F	Heurtoirs d'extracteur	d°	»	40
12 a	A	Axes de commande du verrou de retenue des projectiles.	d°	40	95
—	B	Verrous de retenue des projectiles	d°	72	132
15 b	B.	Verrous d'immobilisation de l'axe du marteau	d°	224	54
—	C	Bouchons.			50
—	D	Marteaux.	d°	174	74
—	E	Axes (avec rondelles acier dur, goup. acier ressort trempé)	Acier dur	334	164
—	F	Verrous de route.	d°	174	74
—	G	Ressorts du verrou.	Acier ressort trempé	294	74
—	J	Butées du verrou.	Acier dur	72	132
		Poulies, pour mise hors batterie des canons, complètes, comprenant :		110	350
19 a	A	1 Poulie pour la mise hors-batterie	Acier dur		
—	B.	1 Bague de la poulie.	Bronze 3	Série	
—	C	1 Chape de la poulie.	Acier dur	pour	
—	D	1 Axe de la poulie.	d°	une poulie complète	
—	E	1 Crochet.	d°		

NUMÉRO des PLANS	LETTRE	DÉSIGNATION DES GROUPES ET PIÈCES	QUALITÉ des MATIÈRES	QUANTITÉS	
				déjà commandées par GUERRE	à commander par GUERRE
19 a (suite)	F	1 Axe du crochet	Acier dur		
—	G	2 Vis d'arrêt des axes	Acier mi-dur	Série	
—	H	1 Anneau fixé sur le canon	Acier dur	pour	
—	I	1 Vis d'arrêt de l'anneau	Acier mi-dur	une poulie	
—	J	1 Corde de mise hors-batterie	Chanvre	complète	
—	K	1 Crochet de la corde	Acier dur	(suite).	
19 a	J	Cordes de mise hors-batterie . . . . . . } Assemblés {	Chanvre	150	300
—	K	Crochets	Acier dur	150	300
30 b	D	Vis-arrêtoirs (C. R.)	Cuivre rouge	250	250
		Tiges de piston de frein complètes comprenant :		»	50
30 b	A	1 Tige de piston	Acier spécial trempé recuit		
—	B	1 Contre-tige	d°		
—	C	1 Garniture de piston de frein	Bronze phosph¹ à frottement		
—	D	1 Grain du piston	Acier dur		
—	E	1 Vis du grain	d°		
—	F	1 Bouchon AR du cylindre de frein (1 goupille)	d°		
—	G	1 Bouchon du trou de remplissage	d°		
—	H	1 Joint du bouchon de remplissage	C. R. recuit		
—	I	1 Bouchon de la tige de piston de frein	Acier dur		
—	J	1 Soupape de la contre-tige	Ac. DO doux cémenté trempé		
—	K	1 Garniture de la contre-tige (1 goupille Acier dur)	Bronze spécial		
—	L	1 Butée guide de la soupape (1 goupille)	Acier dur		
—	M	1 Joint du bouchon AR du cylindre de frein	C. R. recuit		
32 b	A	1 Écrou de la tige de piston (1 goupille)	Acier dur spécial trempé		
30 b	A	Tiges de piston de frein	Acier spécial trempé recuit	100	50
—	B	Contre-tiges de frein	d°	50	50
—	C	Garnitures de piston de frein	Bronze phosph¹ à frottement	50	»
—	D	Grains du piston de frein	Acier dur	100	50
—	E	Vis du grain	d°	50	100
—	G	Bouchons du trou de remplissage	d°	192	261
—	J	Soupapes de la contre-tige	Ac. DO doux cémenté trempé	1864	1086

NUMÉRO des PLANS	LETTRE	DÉSIGNATION DES GROUPES ET PIÈCES	QUALITÉ des MATIÈRES	QUANTITÉS	
				déjà commandées par GUERRE	à commander par GUERRE
30 b (suite)	K	Garnitures de la contre-tige (1 goupille Acier dur) . . .	Bronze spécial	»	100
32 b	A	Écrous de la tige de piston (1 goupille)	Acier dur spécial trempé	30	..
		Pistons récupérateurs à tête mobile complets comprenant :		»	100
31 b	A	1 Écrou AV de la tige du piston récupérateur (1 goupille) .	Acier dur spécial trempé		
40 bis b	A	1 Axe du piston	Acier DO.		
—	B.	1 Garniture de l'axe (1 vis)	Bronze forgé		
—	C	1 Tête mobile	Acier dur		
—	D	1 Boîte d'appui du joint de l'axe	d°		
—	E	1 Pièce de retenue du ressort	d°		
—	F	1 Ressort du piston	Acier trempé		
—	G	1 Écrou AR du piston (1 garniture Bronze forgé)	Acier dur		
—	H	1 Écrou du lubrificateur (1 vis)	Bronze forgé	Série	
—	I	1 Anneau du piston	Caoutchouc	pour	
—	J	1 Joint du piston	Dermatine ou Thermos	un piston	
—	K	1 Joint de l'axe	d°	récupérateur	
—	L	1 Rondelle arrêtoir (1 vis acier)	Acier trempé	complet	
—	M	1 Obturateur extérieur de l'anneau	Bronze forgé		
—	N	1 Obturateur intérieur de l'anneau	d°		
—	O	1 Goupille de l'écrou AR	Acier doux		
—	P	1 Tige de piston récupérateur	Acier spécial trempé recuit		
—	Q	1 Bouchon AR du cylindre récupérateur	Acier dur		
—	R	1 Arrêt du bouchon AR (1 prisonnier C. R.)	d°		
—	S	1 Lubrificateur	Feutre		
31 b	A	Écrous AV de la tige du piston récupérateur (1 goupille) .	Acier dur spécial trempé	30	»
—	B.	Entretoises des liaisons des tiges	Acier dur	»	80
32 b	N	Joints de la boîte à garniture de frein	C. R.	»	50
		Graisseurs des glissières complets comprenant :		»	50
33 a	A	4 Boîtes des clapets (2 vis arrêtoirs Acier doux)	Acier dur		
—	B	4 Clapets	d°	Série	
—	C	4 Ressorts	Acier ressort trempé	pour un graisseur	
—	D	4 Ajutages des glissières	Acier dur	complet	

NUMÉRO des PLANS	LETTRE	DÉSIGNATION DES GROUPES ET PIÈCES	QUALITÉ des MATIÈRES	QUANTITÉS	
				déjà commandées par GUERRE	à commander par GUERRE
		Raccords et manomètres complets, comprenant :		174	242
39 b	A	1 Ajutage.	Bronze forgé		
—	B	1 Écrou de l'ajutage	Acier doux		
—	C	1 Raccord du manomètre.	Bronze forgé		
—	D	1 Pointeau de la soupape de chargement	Acier outil		
—	E	1 Garniture de pointeau	Dermatine		
—	F	1 Rondelle de la garniture	Bronze forgé	Série pour un raccord complet	
—	G	1 Presse-garniture.	Acier dur		
—	H	2 Bouchons des orifices.	d°		
—	I	1 Joint de manomètre	Plomb		
—	J	1 Joint de l'ajutage	d°		
—	K	2 Bouchons du raccord.	Acier dur		
—	L	1 Manomètre			
30 b	H	Joints du bouchon du trou de remplissage.	C.R. recuit	50	50
—	M	Joints du bouchon AR du cylindre de frein	d°	50	50
31 b	P	Joints	C.R. recuit	50	200
32 b	N	Joints de la boîte à garnitures de frein	d°	50	50
26 c	D	Garnitures des bouchons des grands réservoirs.	Dermatine	944	674
—	E	Rondelles des bouchons des grands réservoirs	Bronze forgé	»	150
31 b	C	Rondelles de choc	Dermatine	944	674
—	Q	Rondelles d'appui des rondelles de choc.	Acier dur	»	150
39 b	E	Garnitures de pointeau.	Dermatine	944	524
40 bis b	I	Anneaux du piston.	Caoutchouc	944	624
—	J	Joints du piston	Dermatine ou Thermos	994	674
—	K	Joints de l'axe.	d°	994	624
—	L	Vis de la rondelle arrêtoir.	Acier	120	208
—	M	Obturateurs extérieurs	Bronze forgé	50	240
—	N	Obturateurs intérieurs	Bronze forgé	»	190
—	S	Lubrificateurs.	Feutre	»	100
41 bis	D	Obturateurs extérieurs	Bronze forgé	»	100
—	E	Obturateurs intérieurs	d°	»	100
—	K	Joints du corps de boîte.	Dermatine ou Thermos	944	624
—	L	Bagues de la garniture	Caoutchouc	994	674

NUMÉRO des PLANS	LETTRE	DÉSIGNATION DES GROUPES ET PIÈCES	QUALITÉ des MATIÈRES	QUANTITÉS	
				déjà commandées par GUERRE	à commander par GUERRE
44 bis (suite)	M	Joints de la tige.	Dermatine ou Thermos	944	624
—	Q	Lubrificateurs	Feutre	»	100
42 bis	D	Obturateurs de la garniture	Bronze forgé	»	150
—	E	Bagues AV de la garniture	dᵒ	»	150
—	F	Douilles de la garniture.	dᵒ	»	150
—	G	Anneaux du joint	Dermatine ou Thermos	944	674
—	H	Bagues	Caoutchouc	994	724
		Boîtes à garnitures à tête mobile de la tige de récupérateur complète, comprenant :		»	15
41 bis	A	1 Ressort de la garniture	Acier trempé		
—	B	1 Corps de boîte à garniture.	Acier dur		
—	C	1 Bague d'appui du joint	Bronze forgé		
—	D	1 Obturateur extérieur	dᵒ		
—	E	1 Obturateur intérieur	dᵒ		
—	F	1 Douille de retenue du ressort	Acier dur		
—	G	1 Boîte d'appui du joint	dᵒ		Série pour une boîte à garniture complète
—	H	1 Tête mobile de la garniture	dᵒ		
—	I	1 Douille d'appui	Bronze forgé		
—	J	1 Bague de pression	Acier dur		
—	K	1 Joint.	Dermatine ou Thermos		
—	L	1 Bague	Caoutchouc		
—	M	1 Joint de la tige	Dermatine ou Thermos		
—	N	1 Vis arrêtoir	Acier dur		
—	O	1 Bague de montage	dᵒ		
		Garnitures de la tige de frein complètes, comprenant :		»	65
42 bis	A	1 Ressort de la garniture	Acier trempé		
—	B	1 Corps de la boîte à garniture	Acier dur		
—	C	1 Fonds AR de la boîte à garniture.	dᵒ		Série pour une garniture complète
—	D	1 Obturateur de la garniture	Bronze forgé		
—	E	1 Bague AV de la garniture	dᵒ		
—	F	1 Douille AV de la garniture	dᵒ		
—	G	1 Anneau de joint.	Dermatine ou Thermos		
—	H	1 Bague	Caoutchouc à 200ᵒ F.		

NUMÉRO des PLANS	LETTRE	DÉSIGNATION DES GROUPES ET PIÈCES	QUALITÉ des MATIÈRES	QUANTITÉS	
				déjà commandées par GUERRE	à commander par GUERRE
53 b	B.	Volets de l'entretoise AV du châssis	Acier dur trempé	»	100
—	C	Leviers de manœuvre avec goupilles	Acier dur	»	100
—	D	Axes des leviers	d°	»	100
56 bis b	D	Arrêtoirs des verrous avec vis	Acier demi-dur	82	62
		Portes AV du châssis, comprenant :		»	40
53 b	A	1 Porte AV du châssis	Acier qualité masque		
—	B	1 Porte de visite des garnitures	d°		
—	C	1 Charnière de la porte AV	Acier dur		
—	D	1 Charnière de la porte de visite	d°		
—	E	1 Axe des charnières	d°		
—	F	1 Ferrure de fixation de la porte de visite des gar. (1 goup.)	d°	Série	
—	G	2 Écrous des vis de fixation des portes	d°	pour	
—	H	2 Vis de fixation des portes	d°	une porte	
—	I	1 Axe d'accrochage de la porte AV (1 rondelle, 1 goupille)	d°	complète	
—	J	1 Levier de manœuvre de l'axe	Acier demi-dur		
—	K	1 Gâche de l'axe	Acier dur		
—	L	2 Guides de l'axe	Acier mi-dur		
—	M	1 Piton de fixation du levier	d°		
		Mises de feu complètes, comprenant :		»	60
76 b	A	1 Support du mouvement (2 vis acier doux)	Acier dur		
—	B	1 Fourreau du ressort de rappel de la tringle (1 prisonnier acier demi-dur)	Tube acier demi-dur		
—	C	1 Ressort de rappel	A. ressort trempé		
—	D	1 Tringle de mise de feu (1 écrou, 3 goupilles acier demi-dur, 1 rondelle cuir)	Acier dur	Série	
—	E	1 Piston de la tringle	Bronze 3	pour	
—	F	1 Crochet	Acier dur	une mise	
—	G	1 Bouchon du support	Bronze 3	de feu	
—	H	1 Grande poulie	d°	complète	
—	I	1 Support des poulies (2 goupilles)	Acier dur		
—	J	3 Vis de fixation du support	Acier demi-doux		

NUMÉRO des PLANS	LETTRE	DÉSIGNATION DES GROUPES ET PIÈCES	QUALITÉ des MATIÈRES	QUANTITÉS	
				déjà commandées par GUERRE	à commander par GUERRE
76 b *(suite)*	K	2 Axes des poulies (2 goupilles acier demi-dur) (1 suivant cote soulignée.	Acier dur	Série pour une mise de feu complète *(suite)*	
—	L	1 Petite poulie	Bronze 3		
—	M	1 Tire-feu (1 poignée bois) . . .	Cordeau câblé		
—	N	2 Freins des axes des poulies . . .	Acier dur		
—	O	1 Manette de mise de feu . . .	Acier demi-dur		
76 b	C	Ressorts de rappel de la tringle . . .	A. ressort trempé	384	422
—	D	Tringles de mise de feu (avec rondelle et goupille) . .	Acier dur	82	179
—	J	Vis de fixation du support . . .	Acier mi-doux	392	612
—	M	Tire-feu (avec poignée) . . .	Cordeau câblé	656	548
—	O	Manettes de mise de feu . . .	Acier demi-dur	»	60
Sus-bandes et sous-bandes complètes, comprenant :				»	60
84 b	A	2 Sous-bandes (symétriques) (2 goupilles) . . .	Acier dur	Série pour sus-bande et sous-bande complète	
—	B	2 Sus-bandes (symétriques) . . .	d°		
—	C	2 Axes de fixation des sus-bandes (symétriques) (2 lanières cuir hongroyé) . . .	d°		
—	D	2 Axes d'articulation des sus-bandes (symétriques), (2 lanières de cuir hongroyé . . .	d°		
—	E	2 Capots des trous de graissage . . .	d°		
—	F	2 Ajutages des capots . . .	Acier dur		
—	G	2 Ressorts . . .	Acier ressort trempé		
—	H	2 Clapets des ajutages . . .	Acier dur		
Verrous d'accrochage de route, comprenant :				»	10
87 bis b	B	2 Verrous (symétriques) . . .	Acier dur	Série pour un verrou complet	
—	D	2 Poignées des manivelles . . .	Bronze 3		
—	E	2 Boîtes des ressorts . . .	Acier dur		
—	F	2 Axes des poignées . . .	d°		
—	G	2 Contre-écrous des axes . . .	d°		
—	H	2 Ressorts de rappel . . .	Acier ressort trempé		
—	J	2 Vis de guidage du verrou . . .	Acier dur		

NUMÉRO des PLANS	LETTRE	DÉSIGNATION DES GROUPES ET PIÈCES	QUALITÉ des MATIÈRES	déjà commandées par GUERRE	à commander par GUERRE	
		Verrous d'accrochage du traîneau, comprenant :		»	10	
88 b bis	A	2 Verrou d'accrochage du traîneau sur le châssis (sym.)	Acier dur			
—	B	2 Vis de guidage des verrous (2 goupilles)	d°			
—	C	2 Poignées des manivelles	d°			
—	D	2 Boîtes des ressorts	d°			
—	E	2 Axes des poignées	d°			
—	F	2 Ressorts de rappel	Acier ressort trempé	Série pour un verrou complet		
—	G	1 Rondelle de gauche de guidage des verrous	Acier dur			
—	G	1 Rondelle de droite	d°			
—	H	8 Vis de fixation des rondelles	Acier mi-dur			
—	I	2 Clapets des verrous	Acier dur			
—	J	2 Ressorts	Acier ressort trempé			
—	K	2 Ajutages des verrous	Acier dur			
90 b	C	Chaînettes d'accrochage des trains avec anneaux brisés (acier doux, tés acier dur et maillons fer supérieur)	d°	354	302	
98 d	E	Couvercles de coffret	Tôle acier dur	»	40	
100	E	Courroies avec passants fixes et mobiles	Cuir fauve	1316	1028	
		Bêches mobiles complètes, comprenant :		50	60	
108 c	A	1 Bêche mobile	Tôle acier spécial	Série pour une bêche complète		
—	B	2 Bras de la bêche	Acier dur			
—	C	2 Becs d'accrochage de la bêche	d°			
108 c	A	Bêches mobiles	Tôle acier spécial	»	25	
—	B	Bras	Acier dur	»	35	
—	C	Becs	d°	»	25	
		Axe d'accrochage de la bêche, comprenant :		262	231	
109 b	A	1 Axe d'accrochage	d°	Série pour un axe complet		
—	G	1 Crochet gauche (1 poignée, 1 goupille fendue)	d°			
—	D	1 Crochet droit (1 goupille fendue)	d°			

NUMÉRO des PLANS	LETTRE	DÉSIGNATION DES GROUPES ET PIÈCES	QUALITÉ des MATIÈRES	QUANTITÉS	
				déjà commandées par GUERRE	à commander par GUERRE
109 b	A	Axes d'accrochage	Acier dur	60	»
109 b	B.	Axes de rotation de la bêche (1 rondelle, 1 goup. fendue)	d°	60	110
—	B.	Goupilles fendue des axes.	d°	160	160
—	E	Ressorts de l'axe d'accrochage	Acier ressort trempé	404	412
—	F	Boulons de fixation (avec écrou et goupille fendue) . .	Acier dur recuit	808	884
		Leviers de pointage complets comprenant :		60	20
112 b	A	1 Levier de pointage (2 rivets).	Acier dur		
—	B	1 Manche du levier.	Tôle acier mi-dur	Série	
—	C	1 Griffe de retenue du levier	Acier dur	pour	
—	D	1 Raccord de la traverse	d°	un levier	
—	E	1 Traverse du levier	Tube acier demi-dur sans soudure	complet	
		Accrochage du levier de pointage, comprenant :		»	20
113 b	B	1 Axe du levier (1 rondelle, 1 goupille).	Acier dur		
—	C	1 Axe d'accrochage.	d°		
—	D	1 Boîte du ressort	d°	Série	
—	E	1 Poignée de l'axe	Bronze 3	pour	
—	F	1 Axe de la poignée	Acier dur	un	
—	G	1 Ressort de la poignée.	Acier ressort trempé	accrochage	
—	H	1 Support de retenue.	Acier dur	complet	
		Pointages en direction complets, comprenant :		»	4
124 a	A	1 Entretoise d'essieu	Acier dur		
125 b	A	1 Boîte de la vis sans fin	d°		
—	B	1 Vis sans fin.	d°		
—	C	2 Bouchons de la boîte.	Bronze 3		
—	D	2 Grains de butée de la vis	Acier extra doux cémenté trempé	Série	
—	E	2 Grains des extrémités de la vis.	d°	pour	
126 b	A	2 Boîtes à galets de l'entretoise d'essieu (symétrique) . . .	Acier dur	un pointage	
—	B	2 Bouchons des boîtes (2 goupilles, 2 écrous)	d°	en direction	
—	C	2 Freins des bouchons.	d°	complet	
—	D	4 Vis de fixation des boîtes à galets	Acier doux		
127 b	A	1 Boîte de pointage en direction (1 bouch., 1 clav. A. dur)	Bronze 3		

NUMÉRO des PLANS	LETTRE	DÉSIGNATION DES GROUPES ET PIÈCES	QUALITÉ des MATIÈRES	QUANTITÉS déjà commandées par GUERRE	à commander par GUERRE	
127 b (suite)	B	1 Couvercle de la boîte.	Bronze 3			
—	C	1 Support de droite de l'arbre de pointage.	d°			
—	D	2 Fourrures de l'entretoise d'essieu (symétrique)	d°			
—	E	1 Bague intérieure de la boîte de pointage.	d°			
—	F	1 Bague extérieure de la boîte de pointage	d°			
—	G	1 Bague du couvercle de la boîte.	d°			
—	H	1 Ressort couvre-graisseur des supports (1 bouton A. doux)	Acier ressort trempé			
—	I	1 Ressort couvre-graisseur de la boîte (1 bouton A. doux).	d°			
128 b	A	2 Étriers des galets (2 écrous, 2 goupilles).	Acier dur			
—	B	2 Bagues de réglage des rondelles ressort.	d°			
—	C	2 Rondelles d'appui des rondelles ressort	d°			
—	D	8 Rondelles ressort.	Acier ressort trempé			
—	E	2 Galets de pointage en direction	Acier dur			
—	F	2 Bagues des galets	Bronze 3			
—	G	2 Axes des galets	Acier dur			
—	H	2 Obturateurs des bouts d'entretoise d'essieu.	d°			
—	I	2 Obturateurs des bouts d'entretoise d'essieu	Cuir	Série pour un pointage en direction complet (suite)		
—	J	2 Freins des bouchons des extrémités de la vis.	Acier dur			
—	K	2 Bouchons de la rainure de l'entretoise	Bronze 3.			
129 b	A	1 Arbre de commande du pointage (2 écrous, 2 goupilles fendues, 1 rondelle, 1 goupille.	Acier dur			
—	B	2 Volants de pointage	d°			
—	C	3 Capots de graissage.	d°			
—	D	2 Axes des poignées des volants	d°			
—	E	2 Poignées des volants.	Bronze 3			
—	F	2 Contre-rivures des axes.	Acier dur			
—	G	1 Roue intermédiaire de pointage (1 bague B. 3).	Acier doux			
—	H	3 Boulons d'assemblage de la boîte de pointage à l'affût (6 écrous, 6 goupilles, 3 ergots)	d°			
—	I	4 Boulons d'assemblage des supports de boîte à l'affût (4 écrous, 4 goupilles.	d°			
—	J	1 Axe de la roue intermédiaire	Acier dur			
—	K	3 Ajutages de capot de graisseur.	d°			
—	L	3 Ressorts.	Acier ressort trempé			
—	M	3 Clapets des ajutages	Acier dur			
133 a	A	1 Support de la tringle de verrouillage	d°			
—	B	1 Axe d'articulation de la tringle (1 rondelle, 1 goupille)	d°			

NUMÉRO des PLANS	LETTRE	DÉSIGNATION DES GROUPES ET PIÈCES	QUALITÉ des MATIÈRES	QUANTITÉS	
				déjà commandées par GUERRE	à commander par GUERRE
133 a (suite)	C	1 Tringle de verrouillage de l'essieu (4 goupille).	Acier dur	Série pour un pointage en direction complet (suite)	
—	D	1 Écrou à oreilles de la tringle (1 chaînette, 1 goupille. acier ressort trempé)	d°		
—	E	1 Patte de fixation de la tringle pendant le tir	Tôle acier mi-dur		
126 b	B.	Bouchons des boîtes (avec goupille et écrous).	Acier dur	50	50
128 b	D	Rondelles ressort.	Acier ressort trempé	100	100
129 b	B	Volants de pointage en direction	Acier dur	»	20
—	D	Axes des poignées des volants	d°	»	20
—	E	Poignées des volants	Bronze 3	»	20
—	F	Contre-rivures des axes	Acier dur	»	20
133	C	Tringles de verrouillage de l'essieu (avec goupilles). . .	d°	»	10
—	D	Écrous à oreilles des tringles (avec chaînette et goupille).	d°	»	10
		Pointages en hauteur complets, comprenant :		»	4
147 b	A	1 Support coulisse de gauche du secteur (4 vis laiton). . .	Acier dur		
—	B	2 Languettes d'appui des secteurs	Bronze Durville		
—	C	1 Support coulisse de droite (4 vis laiton).	Acier dur		
—	D	2 Cales d'accrochage des secteurs P. H. (symétriques). . .	d°		
148 b	A	2 Secteurs dentés du P. H. (symétriques)	Acier dur trempé recuit		
—	B	1 Arbre-pignons de P. H.	d°		
—	C	6 Boulons de fixation des secteurs (6 écrous, 6 ergots, 6 goupilles).	Acier doux		
—	D	2 Vis de fixation des secteurs	d°		
—	E	1 Arrêt de la roue à vis sans fin (2 vis acier mi-dur) . . .	Acier dur	Série pour un pointage en hauteur complet	
149 b	A	1 Volant de pointage (1 contrepoids)	d°		
—	B	1 Axe de la poignée du volant.	d°		
—	C	1 Contre-rivure de l'axe	d°		
—	D	1 Poignée du volant	Bronze 3		
—	E	1 Pignon conique du P. H.	Acier dur		
—	F	1 Arbre pignon conique (1 goupille, 1 écrou).	d°		
150 b	A	1 Boîte du mouvement de P. H.	Bronze 3		
—	B	1 Couvercle de la boîte.	Tôle acier dur		
—	C	1 Bouchon supérieur de la boîte	Bronze 3		
—	D	1 Frein du bouchon supérieur.	Acier dur		
—	E	1 Bague de la butée du frein (1 goupille)	d°		

NUMÉRO des PLANS	LETTRE	DÉSIGNATION DES GROUPES ET PIÈCES	QUALITÉ des MATIÈRES	QUANTITÉS	
				déjà commandées par GUERRE	à commander par GUERRE
150 b (suite)	F	3 Boulons fixant le couvercle (3 écrous, 3 goupilles) . . .	Acier doux		
151 b	A	1 Boîte des pignons coniques (2 bagues).	Bronze 3		
—	B	1 Couvercle de la boîte (2 bagues)	d°		
—	C	1 Support de droite de l'arbre-pignon.	d°		
—	D	4 Goujons de fixation de la boîte sur l'affût (8 écrous, 3 goupilles)	Acier doux		
—	E	2 Boulons de fixation du support d'arbre (2 écrous, 2 goupilles)	d°		
—	F	1 Ressort couvre-graisseur, 1 bouton.	Acier ressort trempé		
152 a	A	1 Renfort de la boîte du mouvement de P. H.	Tôle acier dur		
—	B	3 Boulons de fixation de la boîte (3 écrous, 3 goupilles). .	Acier doux	Série pour un pointage en hauteur complet (suite)	
—	C	1 Frein du bouchon de la boîte des pignons	Acier dur		
—	D	1 Frein du bouchon inférieur de la boîte de P. H.	Acier dur		
—	E	1 Roue hélicoïdale de P. H.	Acier doux		
—	F	1 Arbre à vis sans fin.	Acier dur		
—	G	1 Bouchon inférieur de la boîte (1 goupille acier mi-dur) .	Acier extr. doux cémenté trempé		
—	H	1 Bouchon de la boîte des pignons (1 goupille acier mi-dur).	d°		
—	I	1 Grain de l'arbre à vis sans fin	d°		
—	J	1 Grain inférieur de l'arbre à vis sans fin	d°		
—	K	1 Entretoise des secteurs	Acier dur		
153 b	A	1 Support de gauche de l'arbre-pignon	Acier mi-dur		
—	B	1 Bague du support	Bronze 3		
—	C	1 Cale du support	Tôle acier dur		
—	D	3 Boulons de fixation du support et de la boîte (3 ergots, 3 écrous, 3 goupilles).	Acier doux		
		Volants de P. H. complets, comprenant :		»	40
149 b	A	1 Volant de P. H. (1 contrepoids)	Acier dur	Série pour un volant de P. H. complet	
—	B.	1 Axe de la poignée	d°		
—	C.	1 Contre-rivure de l'axe	d°		
—	D.	1 Poignée.	Bronze 3		
149 b	B. C. D.	Poignées complètes.	Acier dur et Bronze 3	»	20
148 b	B.	Arbres-pignons de P. H.	Acier dur trempé recuit	»	30
151 b	A	Boîtes des pignons coniques de P. H. (avec bagues). . .	Bronze 3	»	10
—	B.	Couvercles des boîtes (avec bagues).	d°	»	10

NUMÉRO des PLANS	LETTRE	DÉSIGNATION DES GROUPES ET PIÈCES	QUALITÉ des MATIÈRES	QUANTITÉS déjà commandées par GUERRE	QUANTITÉS à commander par GUERRE
152 a	E	Roues hélicoïdales de P. H.	Acier doux	"	20
—	F	Arbres à vis sans fin	Acier dur	"	50
—	G	Bouchons inférieurs de la boîte (avec goupille)	Acier extr. doux cémenté trempé	"	20
—	H	Bouchons de la boîte des pignons (avec goupille)	d°	»	20
		Roues d'affût complètes, comprenant :		560	460
167 c	A	1 Roue n° 9 *bis*, 12 rais, 1 jante en trois parties	Frêne de fil		
—	B	1 Cercle de roue (6 boulons, 6 écrous)	Acier mi-dur trempé recuit		
—	C	9 Sabots des rais, 27 rivets	Acier extra-doux		
—	D	3 Sabots couvre-joints des jantes (6 boulons, 6 écrous acier mi-dur trempé recuit)	d°	Série pour une roue complète	
—	E	1 Moyeu	Acier mi-dur		
—	F	1 Disque mobile (12 boulons, 12 écrous acier mi-dur trempé recuit)	d°		
—	G	1 Garniture intérieure (2 vis laiton)	Bronze 3		
—	H	1 d° extérieure (— d" —)	d°		
167 c	A	Rais	Frêne de fil	»	800
—	A	Jantes (en trois parties chacune)	d°	»	400
—	B	Cercles	Acier mi-dur trempé recuit	»	180
—	C	Sabots des rais	Acier extra-doux	»	360
—	D	Sabots des jantes	d°	»	120
168 b	A	Manchons à coupelles	Acier dur	14592	1192
—	B	Garnitures des manchons	Cuir	1000	1040
—	C	Garnitures des rondelles	d°	1600	1000
—	D	Rondelles à coupelles	»	14592	1152
—	E	Corps d'esses avec rivets	»	608	464
—	F	Anneaux d'esses	»	912	488
		Boucliers mobiles, comprenant :		»	60
176 c	A	1 Bouclier mobile	Tôle acier qualité masque		
—	B	1 Renfort du bouclier	Acier mi-dur	Série pour un bouclier complet	
—	C	19 Tasseaux des renforts	Acier dur		
179 c	A	2 Supports du bouclier mobile (symétriques)	d°		
—	B	2 Entretoises supérieures	d°		

NUMÉRO des PLANS	LETTRE	DÉSIGNATION DES GROUPES ET PIÈCES	QUALITÉ des MATIÈRES	QUANTITES	
				déjà commandées par GUERRE	à commander par GUERRE
479 c (suite)	C	2 Entretoises inférieures.	Acier dur	Série pour un bouclier complet (suite)	
—	D	2 Remplissages des supports (symétriques).	d°		
—	E	2 Boulons de fixation (2 ergots, 2 écrous, 3 goupilles). . .	Acier demi dur		
—	F	2 Boulons (2 ergots, 2 écrous, 2 goupilles).	»		
—	G	2 Boulons d°	»		
—	H	4 Boulons (4 ergots, 4 écrous, 4 goupilles).	»		
		Boucliers fixes comprenant :		»	40
177 b	A	1 Bouclier fixe.	Tôle Acier qualité masque		
—	B	1 Partie mobile du bouclier	d°		
—	C	2 Renforts.	Tôle acier demi-dur		
—	D	12 Tasseaux des renforts.	Acier dur		
—	E	3 Charnières mâles.	d°		
—	F	2 Charnières femelles.	d°		
—	G	2 Supports des tourets	d°		
—	H	2 Manivelles des tourets.	d°		
—	I	2 Tourets d'accrochage de la partie mobile.	d°		
—	J	8 Rondelles formant tampons (6 riv. C. R., 6 rond. laiton).	Cuir		
—	K	2 Boulons de fixation (1 écrou, 1 goupille).	Acier demi dur		
—	L	2 Rondelles d'appui des boulons.	d°		
—	M	1 Écrou du boulon de gauche (1 goupille).	d°	Série pour un bouclier complet	
178 c	C	1 Boulon de fixation du support de droite (1 ergot, 1 écrou, 1 goupille)	Acier mi-dur		
—	D	3 Boulons de fixation des supports sur l'essieu 3 ergots, 3 écrous, 3 goupilles).	d°		
—	E	4 Boulons de fixation aux supports (4 erg., 4 écr., 4 goup.).	d°		
—	F	4 Boulons d° (— d° —).	d°		
180 b	A	1 Volet supérieur de la fenêtre du bouclier.	Tôle Acier qualité masque		
—	B	1 Volet inférieur.	d°		
—	C	2 Charnières fixes extrêmes	Acier dur		
—	D	1 Charnière fixe milieu.	d°		
—	E	2 Charnières mobiles.	d°		
—	F	1 Axe des charnières	d°		
—	G	1 Plaque de butée supérieure des volets.	Acier dur		
—	H	1 Plaque de butée inférieure des volets	d°		
—	I	2 Ressorts d'accrochage des volets	Acier ressort trempé		

NUMÉRO des PLANS	LETTRE	DÉSIGNATION DES GROUPES ET PIÈCES	QUALITÉ des MATIÈRES	QUANTITÉS	
				déjà commandées par GUERRE	à commander par GUERRE
180 b (suite)	J	2 Becs d'accrochage des volets	Acier dur	Série pour un bouclier complet (suite)	
—	K	2 Boutons de manœuvre des volets	d°		
—	L	1 Touret de verrouillage (1 rondelle, 1 goupille)	d°		
—	M	1 Support du touret	d°		
177 b	K	Boulons de fixation des rondelles	Acier demi-dur	64	24
178 c	C	Boulons de fixation du sup¹ de d¹ᵉ (av. erg., écr., goup.).	d°	32	12
—	D	— d° — du sup¹ sur l'essieu (— d° —).	d°	96	36
—	E	— d° — du boucl¹ aux sup¹ˢ (— d° —).	d°	128	48
—	F	— d° — — d° — (— d° —).	d°	128	48
179 c	E	— d° — du bouclier mobile (— d° —).	d°	64	24
—	F	— d° — — d° — (— d° —).	d°	64	24
—	G	— d° — — d° — (— d° —).	d°	64	24
—	H	— d° — — d° — (— d° —).	d°	128	48
		Freins de route complets comprenant :			10
182 c	A	1 Bras du patin de droite (1 rondelle Acier demi-dur). . .	Tube Acier mi-dur sans soudure.		
—	B	1 Bras du patin de gauche (1 rond., 2 clav. Acier mi-dur).	d°		
—	C	2 Bouchons des bras (2 écrous, 2 goupilles fendues, 2 goupilles matées Acier demi-dur)	Acier dur		
—	D	2 Butées des patins.	d°		
—	E	1 Tube intérieur arbre de frein.	Tube Acier mi-dur sans soudure		
183 c	A	1 Support du bras de patin de droite	Acier dur	Série pour un frein de route complet	
—	B	1 Support du bras de patin de gauche.	d°		
—	C	1 Bras de commande du frein	d°		
—	D	1 Clavette démontable (1 goupille fendue).	d°		
—	E	2 Boîtes des clapets graisseurs.	d°		
—	F	1 Boîte du clapet graisseur	Acier dur		
—	G	3 Ajutages	d°		
—	H	3 Clapets des ajutages.	d°		
—	I	3 Ressorts.	Acier ressort trempé		
—	J	1 Ressort couvre-graisseur (1 bouton Acier doux).	d°		
—	K	1 Ressort couvre-graisseur (1 bouton Acier doux).	d°		
—	L	6 Vis de fixation des boîtes	Acier dur		
184 b	A	1 Volant de serrage (1 goupille)	d°		

NUMÉRO des PLANS	LETTRE	DÉSIGNATION DES GROUPES ET PIÈCES	QUALITÉ des MATIÈRES	QUANTITÉS	
				déjà commandées par GUERRE	à commander par GUERRE
184 b	B	1 Poignée.	Bronze 3		
—	C	1 Axe de la poignée	Acier dur		
—	D	1 Contre-rivure de la poignée.	d°		
—	F	1 Bague oscillante (1 vis Acier doux).	Bronze forgé		
—	G	1 Bague de la tige	Acier dur	Série	
—	H	1 Tige de serrage	d°	pour	
—	I	1 Écrou de la tige	d°	un frein	
—	J	1 Axe de la chape de l'écrou (1 rondelle, 1 goupille Acier demi-dur).	d°	de route complet	
—	K	2 Patins de frein.	d°	(suite)	
—	L	2 Porte-patins.	d°		
—	M	1 Ressort couvre-graisseur (1 bouton Acier doux).	Acier ressort trempé		
182 c	A	Bras de patin de droite (avec rondelles).	Tube Acier mi-dur sacs soudure	»	4
—	B	Bras de patin de gauche (avec rondelles et charnières). .	d°	»	4
—	C	Bouchons des bras (avec écrous et goupilles).	Acier dur	»	8
184 b	K	Patins de frein.	d°	114	104
—	L	Porte-patins.	d°	114	104
		Appareils de visée complets comprenant :			60
191 c	A	1 Boîte de l'appareil de visée (1 vis Acier demi-dur). .	Acier dur		
—	B	1 Plaque de fermeture (6 vis Acier demi-dur)	d°		
—	C	2 Doigts de pression	Acier dur		
—	D	2 Ressorts des doigts.	Acier ressort trempé		
—	E	2 Vis de serrage du secteur	Acier dur		
—	F	1 Axe à robinet de la lunette (1 rondelle, 1 goupille Acier demi-dur).	d°	Série	
—	G	1 Cale de l'axe à robinet	d°	pour	
—	H	1 Vis de butée de l'axe	d°	un appareil	
—	I	2 Ressorts de rappel	Acier ressort trempé	de visée complet	
—	J	1 Plateau fixe des ressorts.	Acier dur		
—	K	2 Guides des ressorts.	d°		
—	L	2 Rondelles d'appui des ressorts.	Laiton		
192 c	A	1 Secteur porte-lunette.	Acier dur		
—	B	1 Tambour gradué (6 vis Acier demi-dur).	d°		
—	C	1 Roue à vis sans fin (1 pr. Acier dur)	d°		

NUMÉRO des PLANS	LETTRE	DÉSIGNATION DES GROUPES ET PIÈCES	QUALITÉ des MATIÈRES	QUANTITÉS		
				déjà commandées par GUERRE	à commander par GUERRE	
192 c	D	1 Pignon	Acier dur			
—	E	1 Axe du pignon (2 vis Acier dur)	do			
—	F	1 Écrou de l'axe du pignon	do			
—	G	1 Ressort de l'axe	Acier ressort trempé			
—	H	1 Couvercle de la boîte de l'appareil de visée	Acier dur			
—	I	1 Bonhomme de calage	do			
—	J	1 Ressort du bonhomme	Acier ressort trempé			
—	K	1 Bouchon du logement du bonhomme	Acier dur			
193 bis	A	1 Palier à excentrique (1 vis acier demi-dur)	Bronze 3			
—	B	1 Arbre à vis sans fin	Acier dur			
—	C	1 Bouchon de la boîte de l'arbre (2 vis, 1 vis Acier demi-dur)	do			
—	D	2 Ressorts de rappel	Acier ressort trempé			
—	E	1 Boîte des ressorts	Acier dur			
—	F	1 Guide des ressorts	do			
—	G	1 Bague du palier	Bronze 3			
—	H	1 Bouchon du palier (2 vis Acier demi-dur)	Acier dur	Série pour un appareil de visée complet (suite)		
—	I	1 Ressort de l'arbre vis sans fin	Acier ressort trempé			
—	J	1 Grain de butée	Acier dur			
—	K	1 Tambour molleté de l'arbre à vis sans fin	do			
—	L	1 Boîte de l'appareil d'angle de site	do			
—	M	1 Support du niveau (1 plaquette, 2 rivets maillechort)	do			
—	N	1 Axe (1 écrou avec goupille, 1 écrou d'extrémité, acier mi-dur	do			
		1 Goupille, 1 rondelle acier dur trempé, 1 rondelle acier ressort trempé, 2 vis acier mi-dur	do			
—	O	1 Tambour gradué des angles de site négatifs	do			
—	O'	1 Tambour — do — positifs	do			
—	P	1 Écrou de serrage du tambour	do			
		1 Écrou de la bague	do			
—	P'	1 Bague de serrage du tambour	do			
—	Q	1 Axe du support	do			
—	R	1 Siège de l'axe	do			
—	S	1 Ressort extérieur	Acier ressort trempé			
—	T	1 Ressort intérieur	do			
—	U	1 Guide du ressort intérieur	Bronze 3			
—	V	2 Niveaux d'angles de site et d'inclinaison	Cristal et essence minérale			

NUMÉRO des PLANS	LETTRE	DÉSIGNATION DES GROUPES ET PIÈCES	QUALITÉ des MATIÈRES	QUANTITÉS	
				déjà commandées par GUERRE	à commander par GUERRE
193 bis (suite)	X	1 Enveloppe du niveau d'angles de site.	Laiton		
—	Y	1 Manchon — d° —	Acier dur		
—	Z	2 Bouchons — d° —	d°		
—	A′	1 Écran — d° —	d°		
—	B′	1 Enveloppe du niveau d'inclinaison	Laiton		
—	C′	1 Support	Acier dur		
—	D′	2 Bouchons.	d°	Série	
—	E′	1 Écran	d°	pour	
—	F′	1 Vis d'immobilisation du support.	Acier mi-dur	un appareil	
194 b	A	1 Support de l'appareil de visée (1 prisonnier C. R.) . . .	Acier dur	de visée	
—	B	1 Boulon fixant le support sur le tourillon (1 goupille) . .	Acier mi-dur	complet	
—	C	1 Vis de commande (1 écrou, 1 rondelle, 1 goupille, acier ressort trempé)	Acier dur	(suite)	
—	D	1 Manette de serrage (1 rondelle, 1 goupille).	d°		
—	E	2 Vis de support (2 goupilles fendues)	Acier mi-dur		
—	F	1 Ressort d'appui de l'appareil de visée.	Acier ressort trempé		
194 b	A	Supports d'appareils de visée avec prisonnier C. R. . .	Acier dur	82	107
—	B	Goupilles.	Acier mi-dur	1000	1000
—	E	Vis des supports avec goupilles fendues.	d°	164	504
190 a		Goniomètre panoramique « Geërz-Schneider »		»	148
—		Lunette de pointage modèle 1913.		»	148
—		Goniomètre Schneider		»	180
		Rallonges de lunette de pointage comprenant :		60	184
196 a	A	1 Support de rallonge	Acier dur		
—	B	1 Partie inférieure.	d°		
—	C	1 Tube de rallonge.	Tube acier mi-dur		
—	D	1 Bonhomme de calage.	Acier dur	Série	
—	E	1 Ressort du bonhomme	Acier ressort trempé	pour	
—	F	1 Bouchon du logement	Acier dur	une rallonge	
197 a	A	1 Gaine de la rallonge	d°	de lunette	
—	B	1 Manette (1 goupille acier mi-dur).	d°	complète	
—	C	1 Rondelle de tension du ressort.	d°		
—	D	1 Ressort.	Acier ressort trempé		

NUMÉRO des PLANS	LETTRE	DÉSIGNATION DES GROUPES ET PIÈCES	QUALITÉ des MATIÈRES	QUANTITÉS	
				déjà commandées par GUERRE	à commander par GUERRE
197 a (suite)	E	1 Axe d'enclanchement.	Acier dur	Série pour une rallonge de lunette complète (suite)	
—	I	1 Bonhomme de calage.	d°		
—	J	1 Ressort du bonhomme	Acier ressort trempé		
—	K	1 Bouchon du logement du bonhomme.	Acier dur		
		Supports de rallonge complets comprenant :			10
199 b	A	1 Support de gauche de l'accrochage de la rallonge. . . .	Bronze forgé	Série pour un support de rallonge complet	
—	B	1 Soie du plateau d'accrochage	Acier dur		
—	C	1 Bouton de manœuvre.	Bronze 3		
—	D	1 Contre-rivure du bouton	Acier dur		
—	E	1 Ressort.	Acier ressort trempé		
—	F	1 Coupelle d'appui du bouton.	Laiton		
—	G	1 Plateau d'accrochage	Bronze forgé		
—	H	1 Support de droite	Acier mi-dur		
—	I	1 Clavette (2 esses), 1 chaînette fer supérieur	Acier ressort trempé		
		Pompes à liquide complètes comprenant :		82	200
221 a	A	1 Corps de pompe (1 goupille).	Bronze 3	Série pour une pompe complète	
222 a	A à W	Détails de la pompe			
222 a	Q à T	Tuyaux de refoulement avec ajutages.	C. R.. Bronze acier	240	»
		Pompes à air complètes comprenant :		92	284
223 a	A à V	Détails de la pompe		Série pour une pompe complète	
223 a	E	Cuirs du petit corps de pompe.	Cuir hongroyé	574	442
—	F	Cuirs du grand d°	d°	574	442
		Vis de compression complètes comprenant :		172	196
225 a	A à O	Détails de la vis.			
225 a	D	Supports mobiles de la vis.	Acier dur	30	»

NUMERO des PLANS	LETTRE	DÉSIGNATION DES GROUPES ET PIÈCES	QUALITÉ des MATIÈRES	QUANTITÉS déjà commandées par GUERRE	QUANTITÉS à commander par GUERRE	
226 a	C	Entonnoirs avec tuyaux de remplissage	C. R.	202	197	
—	D	Clés des obturateurs (L. 6)	Acier dur	142	63	
—	E	Clés des bouchons (L. 5)	d°	202	201	
—	F	Clés des bouchons de la soupape de chargement (L. 2) .	d°	202	201	
227 a	A	Clés des pointeaux	d°	202	201	
—	B	Clés du boulon de fixation du support appareil de visée .	d°	142	62	
—	C	Clés pour divers organes appareils de visée	d°	234	74	
—	D	Clés de retenue ou piston récupérateur	d°	112	113	
228 a	C	Clés de serrage	Acier dur	62	63	
—	F	Guides de la tige de frein	d°	62	63	
—	G	— d° — de récupérateur	d°	62	63	
—	H	Coiffes de la tige de frein	d°	62	63	
—	J	— d° — de récupérateur	d°	62	63	
229 a	A	Clés de serrage	d°	122	167	
—	B	— d° — des écrous des tiges	d°	112	113	
228 bis	A	— d° — boîtes à garnitures	d°	62	63	
—	B	Tirefonds des têtes mobiles	Fil acier	124	125	
—	C	Clés de l'écrou du piston	Acier dur	62	63	
—	D	Clés de montage	Tôle acier dur	62	63	
—	E	Axes et contre-rivure	Acier mi-dur	62	63	
—	F	Pitons	d°	124	125	
—	G	Clés de serrage	Acier dur	62	63	
230 a	A. B.	Extracteurs à main complets	d°	60	104	
—	C	Chasse-goupilles	d°	50	50	
233 a	A. B.	Refouloirs avec bagues (rivets C. R.)	Frêne et bronze	50	350	
		(Un jeu de **62** clés devra être prélevé dans celles com-mandées ci-dessus).				
		Tuyaux de refoulement de la pompe à air avec ajutages coté récupérateur comprenant :		464	546	
235 a	A	1 Tuyau de refoulement	Tube métallique flexible renforcé			
—	B	1 Ajutage côté récupérateur	Acier dur	Série		
—	D	1 Écrou	d°	pour		
—	E	1 Presse-garniture	d°	au tuyau		
—	F	1 Soupape de l'ajutage	d°	complet		
—	G	1 Ressort de la soupape	Laiton			

NUMÉRO des PLANS	LETTRE	DÉSIGNATION DES GROUPES ET PIÈCES	QUALITE des MATIÈRES	QUANTITÉS	
				déjà commandées par GUERRE	à commander par GUERRE
		Écouvillons, refouloirs complets comprenant :		410	390
241 a	A	1 Tête d'écouvillon (en 2 parties)	Frêne et soie		
—	B	1 Bague AV de la tête	Laiton embouté		
—	C	2 Bagues d'arrêt des têtes d'écouvillon et de refouloir (4 rivets C.R.)	Bronze 4		
—	D	1 Hampe de l'écouvillon	Frêne	Série	
—	E	2 Bagues mâles d'assurage de l'écouvillon.	Bronze 4	pour	
—	F	1 Partie médiane de l'écouvillon.	Frêne	un	
—	G	1 Bague femelle (2 rivets C.R.)	Acier demi-dur	écouvillon	
—	H	1 Tête du refouloir.	Frêne	et un	
—	I	1 Garniture de la tête	Bronze 4	refouloir	
—	J	1 Hampe de refouloir	Frêne	complet	
—	K	1 Bague femelle d'assemblage de hampe de refouloir (2 rivets C.R.)	Acier mi-dur		
241 a	D	Hampes de l'écouvillon.	Frêne	120	»
—	J	Hampes de refouloir	d°	120	»
9480 b	A à F	Indicateurs de volume complets	»	142	196
251	A à M	Couvre-supports d'appareil de visée	Veau noirci	»	104
252	D	Couvre-écouvillons.	d°	»	104
252	B	Manchons-graisseurs	Peau de mouton	960	600
253	A à O	Couvre-culasses	Toile et cuir	100	204
254	A à H	Couvre-bouts AV des châssis.	d°	160	204
		Roues d'AV. T. complètes, comprenant :		320	480
281 c	A	1 Roue n° 8 *bis* (12 rais. 1 jante en 3 parties).	Frêne de fil		
—	B	1 Cercle (6 boulons, 6 ergots, 6 écrous, 6 rondelles) . . .	Acier demi-dur trempé recuit		
—	C	3 Sabots des jantes (6 boul., 6 erg., 6 écr., acier demi-dur)	Acier extra-doux		
—	D	9 Sabots des rais (27 rivets)	d°	Série	
—	E	1 Moyeu (12 boul., 12 écr., acier demi-dur trempé recuit)	Acier mi-dur	pour	
—	F	4 Disque mobile.	d°	d'AV. T.	
—	G	1 Garniture intérieure du moyeu (2 vis laiton).	Bronze	complète	
—	H	1 Garniture extérieure du moyeu (2 vis laiton).	d°		

NUMÉRO des PLANS	LETTRE	DÉSIGNATION DES GROUPES ET PIÈCES	QUALITÉ des MATIÈRES	QUANTITÉS déjà commandées par GUERRE	QUANTITÉS à commander par GUERRE
288 a	A	Manchons à coupelle d'épaulement d'essieu	Acier dur	»	20
—	B	Garnitures de manchons à coupelle.	Cuir	»	20
—	C	Rondelles à coupelle à gradins	»	»	20
—	D	Garnitures des rondelles à coupelles à gradins	Cuir	»	20
—	E	Corps d'esses avec rivets. . . . .} assemblés.	»	608	484
—	F	Anneaux d'esses . . . .}	»	608	484
—	H	Lanières d'esses	Cuir hongroyé	»	20
		Palonniers AR complets, comprenant ;		150	418
295 a	A	1 Palonnier AR (**2** bouchons)	Tôle acier demi-dur		
—	B	1 Crochet milieu (modèle Lachèze).	Acier moulé doux étampé		
—	C	2 Crochets d'extrémité (modèle Lachèze)	d°		
—	D	2 Loquets des crochets d'extrémité.	Acier mi-dur	Série pour un palonnier AR complet	
—	E	2 Axes des crochets d'extrémité	d°		
—	F	2 Ressorts des crochets d'extrémité.	Bronze d'aluminium		
—	G	1 Loquet du crochet milieu	Acier mi-dur		
—	H	1 Axe du crochet milieu	d°		
—	I	1 Ressort du crochet milieu.	Bronze d'aluminium		
		Volées de bout de timon complètes, comprenant ;		150	284
305	A	1 Volée (2 bouchons)	Tôle acier demi-dur	Série pour une volée complète	
—	B	1 Crochet milieu (système Lachèze) complet.	Acier moulé doux étampé		
—	C	2 Crochets d'extrémité (sym.), (système Lachèze) complets.	d°		
		Timons complets, comprenant :		740	664
308	A	1 Timon (5 vis à bois)	Frêne de fil		
—	B	1 Enveloppe AR du timon	Tôle acier mi-doux	Série pour un timon complet	
—	C	1 Butée du timon (3 vis à bois)	Acier dur		
—	D	1 Douille des colliers.	d°		
—	E	2 Colliers (2 boulons, 2 ergots, 2 écrous, 2 goupilles). . .	d°		
310	A	Chaînes d'attelage, avec faux anneaux et grands anneaux	Fer supérieur	50	170
—	B	Chaînettes des anneaux coulants des branches du support avec anneaux coulants et passants	d°	»	120

NUMÉRO des PLANS.	LETTRE	DÉSIGNATION DES GROUPES ET PIÈCES	QUALITÉ des MATIÈRES	QUANTITÉS	
				déjà commandées par GUERRE	à commander par GUERRE
310	B	Anneaux coulants	Fer supérieur	480	»
311	A	Branches de supports.	Métal identique à celui des branches de supports fournies par la Guerre	»	120
		Caisses pour culasse et appareil de visée		60	»
		Caisses pour rechanges de batterie		120	»
		Caisses de pompes		60	104
		Jeux de boulons fixant la boîte de lunette de pointage .		32	12
		Tables de compression		50	50
		Chasse-goupilles de 2		»	104
		Chasse-goupilles de 3		»	104
		Chasse-goupilles de 6		»	104
		Goupilles fendues de : $d = 2\,{}^{m}/_{m}\ l = 20\,{}^{m}/_{m}$		»	3744
		Goupilles fendues de : $d = 3\,{}^{m}/_{m}\ l = 30\,{}^{m}/_{m}$		»	3744
		Goupilles fendues de : $d = 4\,{}^{m}/_{m}\ l = 45\,{}^{m}/_{m}$		»	3744
		Goupilles fendues de : $d = 5\,{}^{m}/_{m}\ l = 50\,{}^{m}/_{m}$		»	2496
		Goupilles fendues de : $d = 6\,{}^{m}/_{m}\ l = 32\,{}^{m}/_{m}$		»	2496
		Goupilles fendues de : $d = 6\,{}^{m}/_{m}\ l = 70\,{}^{m}/_{m}$		»	1248
		Récipients de 1 litre gradués en demi-décilitres		32	12
		Bouteilles d'azote		32	12
		Cibles		128	48
		Pièces à fournir par la Guerre :			
		Repoussoirs en bronze		»	104
		Lanières de 8/300		15572	2484
		Lanières de 9/550		15172	1860
		Bâches pour galerie de caisson		480	»
		Instructions sur le frein		100	100
		Palmers de 38.		32	12
		Crics		»	104
		Pinces plates polies de 14		»	1248
		Crayons de charpentier.		»	104
		Étaux à main		»	104
		Fers à souder		»	104
		Barres fer plat de $28\,{}^{m}/_{m}\ 670\,{}^{m}/_{m}$		»	104

NUMÉRO des PLANS	LETTRE	DÉSIGNATION DES GROUPES ET PIÈCES	QUALITÉ des MATIÈRES	QUANTITÉS	
				déjà commandées par GUERRE	à commander par GUERRE
		Barres fer rond de 12ᵐ/ᵐ/670ᵐ/ᵐ.		»	104
		Lames de tournevis à villebrequin		»	208
		Tournevis à main (2 tailles).		»	208
		Maillets de menuisier.		»	104
		Barres soudure d'étain		»	104
		Cordages de 4 à 5ᵐ/ᵐ.		»	104 k
		Cordages de 7 à 8ᵐ/ᵐ.		»	104 k
		Cordages de 9 à 10ᵐ/ᵐ.		»	104 k
		Cordages de 11 à 12ᵐ/ᵐ.		»	104 k
		Paquets de 20 mètres de ficelle de 1 à 2ᵐ/ᵐ		»	104
		Pelotes de 200 grammes de ficelle de 1 à 2ᵐ/ᵐ. . . .		»	312
		Barres fil de fer de 10ᵐ/ᵐ/670.		»	208
		Barres fil de fer de 8ᵐ/ᵐ/670.		»	208
		Barres fil de fer de 6ᵐ/ᵐ670ᵐ/ᵐ.		»	208
		Boîtes contenant 200 grammes de résine.		»	104
		Paquets de 125 grammes de coton hydrophile		»	1240
		12 Poches de calicot contenant ensemble 1 kilog. de craie.		»	104
		Marteaux de menuisier		»	104
		Petits marteaux		»	104
		Rabots.		»	104
		Mèches de villebrequin de 10ᵐ/ᵐ.		»	104
		Mèches de villebrequin de 8ᵐ/ᵐ.		»	104
		Mèches de villebrequin de 6ᵐ/ᵐ.		»	104
		Mètres pliants en laiton.		»	104
		Petites clés universelles.		»	104
		Pierres du Levant.		»	104
		Palans de 1.500 kilogrammes		32	12
		Bidons de 50 litres pour frein		32	12
		Bidons de 50 litres pour récupérateur.		32	12
		10 kilogrammes de fil d'acier de 1ᵐ/ᵐ.		»	104
		Planes de charron		»	104
		Pointes carrées emmanchées.		»	104
		Scies à araser de 0ᵐ,600 de longueur		»	104
		Scies à couteau		»	104
		Tricoises		»	104
		Villebrequins		»	104

NUMÉRO des PLANS	LETTRE	DÉSIGNATION DES GROUPES ET PIÈCES	QUALITÉ des MATIÈRES	QUANTITÉS		
				déjà commandées par GUERRE	à commander par GUERRE	
		Vrilles de 5ᵐ/ᵐ		»	208	
		Vrilles de 4ᵐ/ᵐ		»	208	
		Vrilles de 3ᵐ/ᵐ		»	312	
		Brosses à graisser		»	2496	
		Clés universelles (demi petites. demi moyennes)		»	1248	
		Becs-d'ânes de menuisier emmanchés.		»	104	
		Becs-d'ânes de serrurier		»	208	
		Boîtes de pointes contenant chacune 350 grammes de chaque espèce de pointes suivantes : 70ᵐ/ᵐ, 60ᵐ/ᵐ, 40ᵐ/ᵐ, 50ᵐ/ᵐ, 30ᵐ/ᵐ, 25 et 20ᵐ/ᵐ.		»	104	
		Boîtes de vis contenant :		»	104	
		2 Douzaines de vis à bois tête fraisée de 23 55.		»	»	
		2 — dº — 23 40.		»	»	
		2 — dº — 22 80.		»	»	
		2 — dº — 23 30.		»	»	
		2 — dº — 24 30.		»	»	
		2 — dº — 24 20.		»	»	
		2 — dº — 18 15.		»	»	
		Burins de serrurier.		»	312	
		Ciseaux de menuisier de 25ᵐ/ᵐ emmanchés		»	104	
		Fraises pour vis à bois		»	104	
		Compas ordinaires		»	104	
		Bidons de 5 litres pour liquide frein		»	208	
		Bidons de 5 litres pour liquide récupérateur		»	416	
		Caisses de limes		»	104	
		Glycérine pour frein		1600ˡ	1640ˡ	
		Glycérine pour récupérateur.		1600ˡ	2680ˡ	

NUMÉRO des PLANS	LETTRE	DÉSIGNATION DES GROUPES ET PIÈCES	QUALITÉ des MATIÈRES	QUANTITÉS		
				déjà commandées par GUERRE	à commander par GUERRE	

| NUMÉRO des PLANS | LETTRE | DÉSIGNATION DES GROUPES ET PIÈCES | QUALITÉ des MATIÈRES | déjà commandées par GUERRE | à commander par GUERRE | |

NUMÉRO des PLANS	LETTRE	DÉSIGNATION DES GROUPES ET PIÈCES	QUALITÉ des MATIÈRES	QUANTITÉS		
				déjà commandées par GUERRE	à commander par GUERRE	

NUMÉRO des PLANS	LETTRE	DÉSIGNATION DES GROUPES ET PIÈCES	QUALITÉ des MATIÈRES	QUANTITÉS		
				déjà commandées par GUERRE	à commander par GUERRE	

IMPRIMERIE CHAIX, RUE BERGÈRE, 20, PARIS. — 14022-12-16. — (Encre Lorilleux).